可怕的科学
HORRIBLE SCIENCE

体验宇宙

MISS GALAXY'S
SPACE LESSONS

〔英〕菲尔·洛克斯比·考克斯／原著 〔英〕凯利·沃尔德克／绘 王建国／译

U0257178

北京出版集团
北京少年儿童出版社

著作权合同登记号

图字:01-2009-4240

Text copyright © Phil Roxbee Cox

Illustrations copyright © Kelly Waldek

Cover illustration © Rob Davis，2009

Cover illustration reproduced by permission of Scholastic Ltd.

图书在版编目（CIP）数据

体验宇宙／（英）考克斯（Cox，P. R.）原著；（英）沃尔德克（Waldek，K.）绘；王建国译．—2 版．—北京：北京少年儿童出版社，2010. 1（2024.7重印）

（可怕的科学·体验课堂系列）

ISBN 978-7-5301-2332-4

Ⅰ.①体… Ⅱ.①考… ②沃… ③王… Ⅲ.①宇宙—少年读物 Ⅳ.①P159-49

中国版本图书馆 CIP 数据核字（2009）第 180341 号

可怕的科学·体验课堂系列

体验宇宙

TIYAN YUZHOU

［英］菲尔·洛克斯比·考克斯　原著

［英］凯利·沃尔德克　绘

王建国　译

*

北 京 出 版 集 团　出版
北 京 少 年 儿 童 出 版 社

（北京北三环中路6号）

邮政编码:100120

网　　址：ｗｗｗ．ｂｐｈ．ｃｏｍ．ｃｎ

北 京 少 年 儿 童 出 版 社 发 行

新 华 书 店 经 销

三河市天润建兴印务有限公司印刷

*

787 毫米×1092 毫米　16 开本　7.75 印张　50 千字

2010 年 1 月第 2 版　　2024 年 7 月第 40 次印刷

ISBN　978－7－5301－2332－4/N·121

定价：22.00 元

如有印装质量问题，由本社负责调换

质量监督电话：010－58572171

目 录

欢迎来到皮克尔山小学 ············· 1

太阳系的中心 ················· 4

会见行星 ··················· 20

一个人的一小步 ··············· 30

目的地——月球 ··············· 38

5B班的一次巨大飞跃 ············· 48

会见水星、金星和火星 ············ 58

拜访木星 ··················· 69

造访土星 ··················· 75

冥王星，人造卫星，空间站和航天飞机 ····· 96

有趣的最后一幕 ··············· 109

欢迎来到皮克尔山小学

我是伯尼·罗伯兹，是5B班的"官方"滑稽大王。我的职责就是要保证我们大家非常开心，而在像皮克尔山小学这样的学校里这不是什么难事……除非这种学校根本就不存在。但这就像大象跳踢踏舞一样，不太可能。

你应当会会我们的老师们——瞧瞧他们为我们都安排了些什么，看看他们都会做些什么。在这本书中，莱克丝小姐给我们讲授有关恒星、行星、卫星和流星等诸如此类内容的课程。她给我们上课的方法可是很出色的哟！

等等，整个教室可能正在被发射到地球轨道之外去，接下来会怎样？你可能会发现自己已经脱离座位，被吸入一个黑洞之中！

不相信我？那么就和我以及5B班的其他同学一起来体验一下莱克丝小姐的太空课吧！

伯尼·罗伯兹

皮克尔山小学

教师姓名：莱克丝小姐

年龄：38岁（她自己这样说）

相貌：身体像个球！

科目：理科

最喜欢的主题：我们的太阳系

奇特的举动：没有氧气也能生存

其他：不能100%肯定她是100%的人类

资料提供：

5B班
伯尼·罗伯兹

太阳系的中心

"伯尼·罗伯兹，快从桌子上下来！"莱克丝小姐还没走进5B班的教室大门就开始喊开了。

此刻，我正在专心致志地准备上课用的飞机模型。大功告成！我踩着椅子跳到地板上。

莱克丝小姐望着我笑了笑。她挺温柔的，不算太凶，是吧？不过就是那么回事吧。我作为5B班的滑稽大王，在"任职"期内，自然会比别人

女士，清理完毕，可以降落！

要多"挨呲"。

我想这就是成名的代价吧！我，伯尼·罗伯兹，在皮克尔山小学谁人不知，谁人不晓？

"好！"莱克丝小姐说着，摇摇摆摆地走到讲台桌前，"我曾经答应过大家，下面的几堂课我们要去太空看看——"

"是从来没有人去过的太空吗？"艾米丽·齐克比咧嘴一笑问道。

"不会是从伯尼的一只耳朵进去，再从另一只穿出来吧！"德利平说。这家伙还真会开玩笑！

"是去真的太空，你会看到恒星、行星、卫星、流星，以及很多很多其他的天体。"莱克丝小姐说。

"包括黑洞吗？"万事通诺尔问道。

"当然！"莱克丝小姐点点头。

在我继续讲下去之前，我想最好还是先把几件事情交代一下。首先，艾米丽·齐克比的名字其实并不真的是艾米丽·齐克比，而是艾米丽·齐格比。德利平的名字也并不真的叫德利平，而是叫大卫·瑞平——至于万事通诺尔，他是自称万事通，所以不是我故弄玄虚，对不对？那么，我可以继续下去吗？谢谢！噢，还有一件事，那是关于莱克丝小姐的，为什么她走起路来摇摇摆摆？那是因为她长得胖极了，明白了吗？她简直就是一个圆圆滚滚的球。胖得滚圆滚圆的，所以她走起路来，就不叫走路了，而是摇摇摆摆地晃悠。她个子不高，所以就显得更圆了。

"伯尼，"莱克丝小姐微笑着说，"我们就要到太阳系旅行了，你是否介意回到地球上来？你已经神游万里了。"

"对不起，小姐。"我答道。她说得没错，我正在想象与外星人的徒手格斗呢！大家立刻笑了起来。

"你认为在其他行星上有智能生命存在吗？"诺尔发问了。

"你认为在我们皮克尔山小学有智能生命存在吗？"我忍不住问道。我一下子成了笑料，我呀！

"等一会儿，我们会知道的。"莱克丝小姐一脸老师那种特有的严肃，"让我们开始今天的旅行吧。"她掀开讲台桌的桌面，从里面浮起了一只篮球，慢慢地飘浮到她的头顶并开始旋转起来。那球转得越来越快，转呀转呀，变成了一个大火球。

我们兴奋地窃窃私语起来。

把它想象成太阳——我们每天都能见到的太阳——太阳系的中心。它是一个巨大的充满燃烧气体的火球。

"什么是太阳系，莱克丝小姐？"德利平问道。

"太阳系是由一颗恒星和在一定的轨道上围绕它旋转的一些行星及其卫星构成的。在我们的太阳系中，太阳位于中心，地球和其他行星都绕着太阳旋转。"

"太阳是恒星吗？"玛丽·琼问。

"恒星都是太阳吗？"德利平又问道。

"是的，你们说得不错！"莱克丝小姐点头道。

不瞒你说，我的注意力还真被那在莱克丝小姐头顶上面旋转的大火球吸引了——毕竟，你很难见到这么奇妙的情景！

"这样说来，在遥远的太空中，有几十亿颗恒星，它们也都像太阳那样，拥有属于它们自己的星系？"苏尼塔问。

莱克丝小姐兴奋地点了点头，"而且，就恒星而言，我们的太阳并不是一颗很大的恒星！它只能算中等大小吧。事实上，它也就比地球大100万倍。"

"大100万倍？"苏尼塔惊呼道。

"在图上它看起来没有那么大。"

"因为图都不是按实际比例画的，"莱克丝小姐解释说，"它们只是用来示意恒星和行星的位置，而并不实际代表它们的大小比例，图上的距离也不是它们之间的实际距离。"

"如果真的要表示出有多大或相距有多远，那你得有多大的一张纸！"我顺势做了一个很夸张的动作。

"那倒是真的，"莱克丝小姐冲我一笑，指着在她头顶上方旋转着的那颗"迷你太阳"说，"太阳有很多特性，但是最重要的一个是，它很热——非常热，惊人的热。"

9

爱丽丝·史密斯把手举了起来。她不怎么爱提问——除非上课的内容是有关动物的，可一旦她的话匣子打开，你根本别想把它关上。“小姐？”她问。

“什么事，爱丽丝？”

“如果说太阳非常非常热，那为什么它没把我们大家烤焦了呀？”

“因为我们离它太远了！”马克斯·莫里森说，他一定是刚刚醒过盹来。

“从地球到太阳有14 960万公里，听起来就十分遥远，对吗，马克斯？”莱克丝小姐一边说一边又打开了她的讲台桌，“但是我们能够不受太阳光线伤害，却不仅仅是距离遥远这个缘故。”

这回，一个网球从讲台桌里浮了起来，并且开始沿轨道绕着我们的“迷你太阳”旋转，我们把它比作“地球”。

“那是因为地球还有大气层的缘故。”莱克丝小姐继续说道。神奇的是，她提到“大气层”这个字眼时，立刻在我们小小的、网球那么大的“地球”周围，出现了一朵朵白云。“大气层阻挡了大部分来自太阳的有害光线，但不是全部……而且如果没有太阳光的照射，那么地球表面的温度就会降到大约零下270℃！”

突然，那“迷你太阳”随着一阵嗞嗞声渐渐地消失了，它又变回了一只篮球。整个教室里忽然变得冰冰冷冷，一切好像都被冻住了一样！

我们被冻得瑟瑟发抖，教室里不时响起一片上牙打下牙的声音，有人惊呼："冻死人了！"莱克丝小姐的鼻尖上甚至长出了冰柱！

水在0℃就会结冰，你们可以想象，到零下270℃该有多冷了吧！

11

我们大家都开始怀疑，在太阳重新照耀这里，使教室回暖之前，我们是否能从这种冰冻的状态中挺过来。

"现在我可知道当企鹅是什么滋味了。"我说，但是没有人搭理我，每个人似乎都在忙着用双手相互摩擦或者彼此诉说这种从未体验过的奇妙感觉。

"小姐，您还是接着讲吧！"艾米丽说，"如果说恒星都像太阳那样，自己会发光，那么为什么它们只有在夜里才出现呢？"

"这问题提得好！"莱克丝小姐说，激动得如同一只沙滩排球。

"有谁能回答这个问题吗？"

想不到，真想不到，万事通诺尔居然能够回答。

"恒星实际上无时无刻不在发光，而白天我们之所以看不见它们，是因为太阳发出的光要比它们的亮——"

"所以它们不能显现出来。回答得很好，诺尔，恒星不是只在夜里才出现，而是永远都在那里，永远在遥远的地方发着光，只不过你看不见它们罢了。"

"那么，为什么我们夜里看不到太阳在发光呢？"我问，并且自以为问得很高明。

"那是因为它在不同的时间照耀地球的位置不同，伯尼。"莱克丝小姐答道，"地球，不仅仅是围绕太阳旋转，同时它也在自转。地球24小时自转一周，这也是为什么一昼夜有24小时的缘故。"

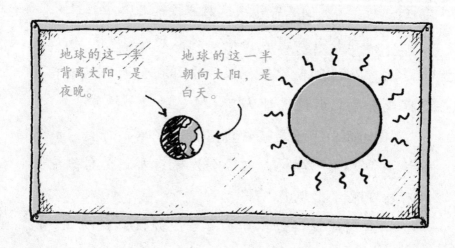

地球的这一半背离太阳，是夜晚。

地球的这一半朝向太阳，是白天。

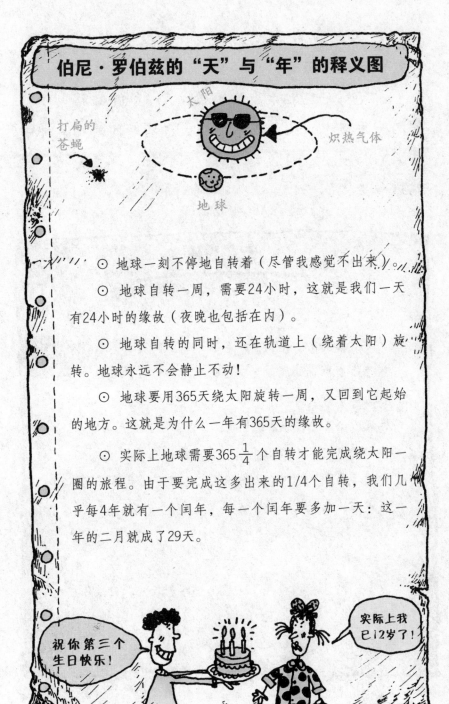

"那么四季是否也与地球绕太阳旋转有关系呢?"苏尼塔问道。

"问得好!"莱克丝小姐说,"在地球绕太阳旋转的一年当中,某些国家朝向太阳的时间要比另外一些国家长一些。朝向太阳的时间越长,那里的气候就越热一些。"

太阳光

太阳发出的光直接照射在地球上,这种光就是莱克丝小姐所说的直射光。由于直射光线直接照射在地球上,所有的光和热都集中在这被直接照射的一小块区域内,于是这一区域光照强烈,就变得非常热。

太阳发出的光以某一个角度照射在地球上,这种光就是莱克丝小姐所说的斜射光。地球上受这种光线照射的区域较大,所以这些区域就不像被直射光线所照射的部分那么热。

马克斯·莫里森作

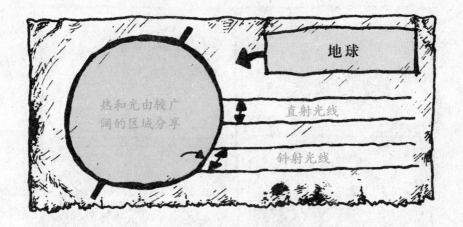

"我们大家都知道，四季是指春、夏、秋、冬4个季节。"莱克丝小姐正在讲话时，不知怎的，5B班窗外的季节发生了变化！

夏季是最炎热的季节，此时，处在夏季的国家，太阳光照射强烈，接受太阳的光热最多。

秋季，这个国家受逐渐倾斜的太阳光照射，太阳光线照射的面积大，并且不很强烈。

冬天是最寒冷的季节，此时，处在冬季的国家偏离太阳角度最大，照射此区域的太阳光线最为倾斜。

春季，处于此季节的国家接受的太阳光的倾斜程度逐渐变小。

"哇！"玛丽·琼说，"一分钟内居然展现了一年的4个季节！"

"但是，这并没有解释为什么有的地方总是阳光灿烂……我的意思是说，在某些国家全年好像都是夏天。"马克斯问道。

"北极的情况又怎样解释呢？"我问，"我敢打赌，没有多少人愿意选择去那里过暑假！"

莱克丝小姐拿起她的手包，把它打开，从里面掏出一个地球仪，我保证，就算你有天大的本事也无法把这个地球仪塞进她那只小小的手包里。如果你真的办到了，那个手包看上去肯定就像一条吞下了整个圣诞节布丁蛋糕的蛇。你没办法了吧？要不怎么说我们皮克尔山小学不一般呢，这就是它带给你的奇迹。

"当地球绕着太阳旋转时，它也在自转，但是它不是在绝对垂直状态下自转的。好像有一条'直棒'以一定角度穿过地球，而地球正是绕着这个'直棒'在自转。这个'直棒'被称为地轴。地球是倾斜着自转的，这就意味着某些地方会永远比另外一些地方接受更多的来自太阳的光和热。"她解释道。

地球仪围绕它旋转的这个"直棒"代表地轴。

"太阳直射的部分夏天最热。"万事通诺尔抢着说道——即使说对了也不发奖，你抢什么？

"你说到点子上了，诺尔！地球上接受太阳光热最多的地方是赤道。赤道实际上是想象出来的一条围绕地球中央的线，它将地球分成北半球和南半球两部分……上北下南。"

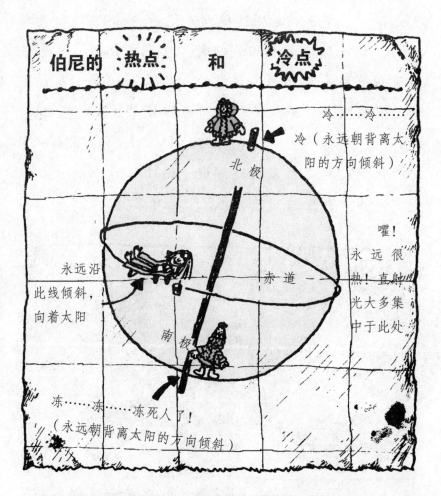

突然，戴夫·哈里斯举起了他的手——让我告诉你吧，这可是稀罕事，简直就同大象下蛋一样（除非谈论的主题是足球，否则戴夫从来都不提问的）。

"你要说什么，戴夫？"莱克丝小姐说，极力做出对戴夫举手要发言一点也不感到奇怪的样子。

"您不是说恒星也都和太阳一样吗，小姐？"他慢条斯理地问道。

"是呀。"老师点了点头，"刚才……"

"那么为什么恒星是在夜晚闪烁，而太阳却不是呢？"戴夫又问。

莱克丝小姐嫣然一笑，"我应该说，5B班的同学们，你们真的给我提出了一些很好的问题。我们将在下一堂课去拜访太阳系中的其他一些行星，到那时我再回答你们的问题。"

正在这时，下课的铃声响了。

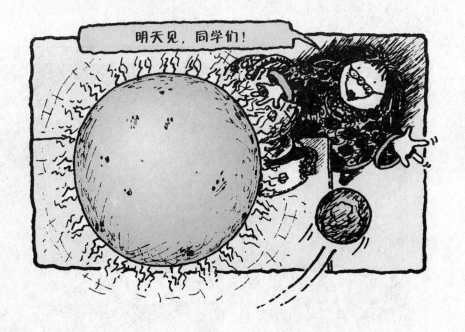

会见行星

　　莱克丝小姐的下一堂课是在第二天的午饭后。德利平吃了太多的炸薯条，他一直在不停地一边哼哼着一边揉着他的胃，玛丽·琼的衬衫上沾了一大块橘黄色的烤豆的污渍！

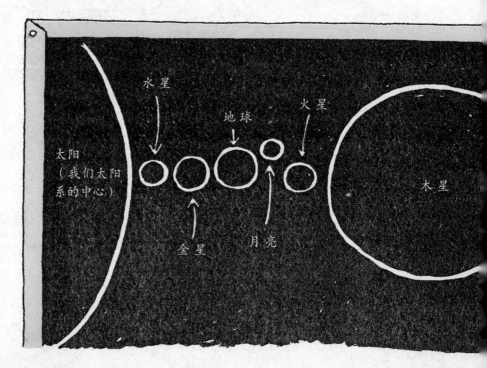

当我们走——与其说走还不如说是跑进我们教室时，莱克丝小姐已经在那儿了，并且在黑板上画好了一幅图。

"下午好，5B班的同学们！"她说，"这黑板上画的是我们太阳系的九大行星。太阳系由所有围绕着太阳运动的天体组成。其他的恒星也各自拥有它们自己的星系，也有它们自己的行星围绕它们运动。"

苏尼塔举手问道："小姐，您在黑板上画的是10个行星，不是9个。"

"不对，她画的就是9个。"万事通诺尔看上去颇为激动，显出一副蛮有把握的样子。

"月亮不是行星！"

21

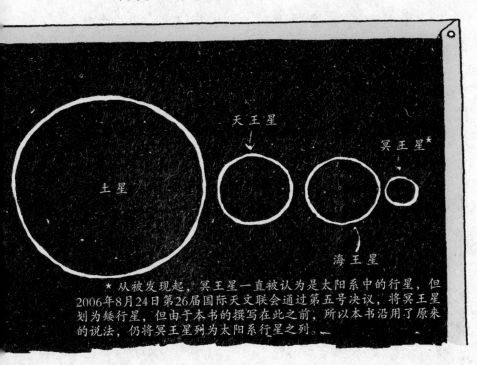

★从被发现起，冥王星一直被认为是太阳系中的行星，但2006年8月24日第26届国际天文联会通过第五号决议，将冥王星划为矮行星，但由于本书的撰写在此之前，所以本书沿用了原来的说法，仍将冥王星列为太阳系行星之列。

"那它是什么？"苏尼塔问。"它是一颗卫星！"诺尔答道。

"诺尔说得对，"莱克丝小姐说，"行星绕着太阳旋转，卫星则绕着行星旋转……"

"卫星是绕着那些绕着太阳旋转的行星旋转。"我补充道。我已经大致对太空中的情形有所了解了。

"完全正确，伯尼。事实上，大多数行星都有自己的卫星。太阳系是由九大行星，还有它们各自的70多颗卫星（目前发现的太阳系卫星已超过100颗）、许多小行星和很多彗星组成的，并且它们都围绕着太阳旋转……但是我仅仅是在黑板上画出了我们地球的卫星——我们通常把它叫做月球。"

"小行星与彗星有什么不同？"马克斯·莫里森问道。

"你们马上就会看到的。"莱克丝小姐说，"曼迪，请把中间那扇窗户打开。"

小曼迪用力把窗户打开。一会儿工夫，一块巨大的岩石——比扶手椅还大——无声无息地从门口旋转着进来了。

这简直是像魔法般不可思议，然而，更加奇妙的是，那巨石似乎在缓慢地移动。真的，天空中飘浮着这样一块又沉又大的东西，没有哪个会掉下来，对吧？

　　"这块巨大的岩石就是一颗小行星，"莱克丝小姐说，"是一颗非常非常小的小行星。"它移动着经过曼迪身旁，从开着的窗户飞了出去。与此同时，又有一个像大球的东西缓缓地旋转着钻了进来。

　　"这是一颗彗星。"莱克丝小姐兴奋地说，"与小行星不同，大多数的彗星是由冰构成的。"那家伙也从窗户转出去，不见了。

　　"现在，我希望你们记住3件重要的事，"莱克丝小姐说道，"第一，太阳系中的某些行星是由岩石构成的，比如地球，而有的行星则是由液体和气体构成的。第二，我在黑板画的那幅图画不是按实际比例画的——那些行星实际上相距有几百万公里之远。第三，各个行星之间不是空气而是空间！"课堂里有几个人疑惑不解地皱了皱眉头。

"那么，空间到底是什么，小姐？"有人问道。我也正有此疑虑。就在这时，传来一阵敲窗户的声音，大家都转过身来，只见在5B班教室外面的空中飘浮着什么东西，在轻轻地敲着玻璃。那东西长着一个巨大无比的脑袋，上面还有一双大大的眼睛。我突然意识到那是什么了！我不觉笑了，一个箭步冲了过去，把窗户打开，于是，一名宇航员飘进教室。

大家好！能到你们这儿来真是太棒了！条件多好呀！

"孩子们想知道空间是由什么构成的。"莱克丝小姐说，显然她正期待着客人的到来！

"噢，孩子们。"宇航员在我们头顶上方慢慢地旋转着飘过我们的教室，说道，"地球拥有大气层，所以我们才会拥有美丽的云彩，蔚蓝的天空，还有我们呼吸的空气。"他不小心撞上了一个长条状的灯，他继续在我们头顶上方缓慢地移动。"但是，在空间中没有空气。那是真空状态，什么东西也没有。如果你朝空间里扔一个球，它就会永远向前运动。空间里没有风来减缓它的速度，因为没有空气阻力。空间中也没有声音，这就是为什么你们刚才看到的彗星和小行星来到这里的时候，运动得那么慢那么静悄悄的缘故。"

"所以你要戴上太空专用的头盔，还得背上氧气罐，对不对？"万事通诺尔问道，"因为你不能在太空中呼吸。"

"好聪明的孩子！"宇航员说道，"我穿的太空服中有自己的供氧装置。没有它，我就不能呼吸，会死掉的。"

德利平飞速冲到门口，及时把门打开，让宇航员从小行星和彗星飘进屋子的地方飘了出去。

"月球上再会，孩子们！"宇航员一边嚷着，一边飘浮而去。

"他是说要和我们在月球上再会吗？"我吃惊地张大嘴巴，望着宇航员远去的身影。

莱克丝小姐望着我，极力忍住笑，"噢！对不起，难道我没有和你们提起，下一堂课，我们要到月球上去吗？"

"我做梦都想去！"德利平欢呼着。

"我们真的要上月球，小姐？"爱丽丝问道。

莱克丝小姐谈起月球之行，语调听起来挺平常，就好像在讲我们要去商店买一包速冻豌豆一样。

　　"当然啦！"她说，"有谁还记得我们上一节课结束时提出的问题吗？"猜猜谁会举手。继续猜——猜呀，猜呀，猜呀。错了，错了，大错特错！举手的不是万事通诺尔，是戴夫·哈里斯。

　　"我问的是为什么恒星会闪烁而太阳却不是那样。"他说。

　　"现在，我就来告诉你们，为什么会这样。"莱克丝小姐说，"这仍然与地球的大气层有关。"她画了一幅图，我们大家都按照她画的那样也各自画了一张。

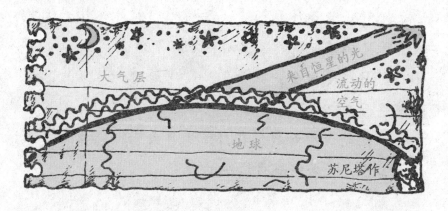

　　"由于大气层中的空气是流动的，并且是变化着的，就使得星光有时候显得较明亮，有时候较暗淡，所以，恒星看上去好像在闪烁。太阳那么大，那么亮，距离地球又那么近，所以它的光线能够穿透大气层而不会受到空气流动和变化的影响。"

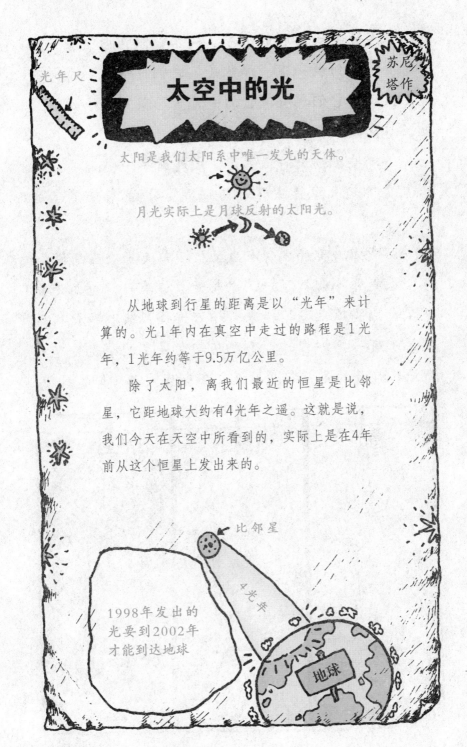

太空中的光

光年尺

苏尼塔作

太阳是我们太阳系中唯一发光的天体。

月光实际上是月球反射的太阳光。

从地球到行星的距离是以"光年"来计算的。光1年内在真空中走过的路程是1光年，1光年约等于9.5万亿公里。

除了太阳，离我们最近的恒星是比邻星，它距地球大约有4光年之遥。这就是说，我们今天在天空中所看到的，实际上是在4年前从这个恒星上发出来的。

比邻星

4光年

1998年发出的
光要到2002年
才能到达地球

地球

　　"关于绝大多数的恒星，包括太阳在内，有一件事需要特别强调一下，那就是，它们虽叫恒星，却不是永恒的，它们也有消亡的一天。"莱克丝小姐继续说，心里似乎充满了伤感。

　　"那些比较大的恒星会变成超新星……"

　　"听起来像是成了超级明星。"我不禁笑了起来。

　　"听上去都那么令人激动！"戴夫·哈里斯说。

　　莱克丝小姐摁了一下电灯开关，有一只电灯泡立刻在我们头顶上亮了起来……好奇怪，我明明记得那儿原来有一排灯管的，而现在却变成了一个光秃秃的灯泡，奇怪的是，它居然还在不断变化着……

"超新星实际上就是恒星爆炸以后的一种形式，"莱克丝小姐告诉我们，"我们的太阳不会那样，但是它会膨胀变大，变得比原来亮一万多倍，并且很可能会毁灭地球。"

教室里立刻变得死一般的沉寂。

"不必惊慌！"莱克丝小姐安慰大家，"如果真的是那样的话，也是50亿年之后的事情！"

诺尔好像突然想起了什么，显得异常激动，他把手举得高高的，从椅子上站起来又坐下去。

"我觉得，你们这个想法真的很有趣。好了，今天的课我们就上到这里吧。"莱克丝小姐说，"下堂课，我们会一起到月球上去漫步！"

全班同学立刻欢呼起来。

一个人的一小步……

就在莱克丝小姐步入教室来给我们上下一堂课的时候，她刚一把门关上，就发生了一件非常奇怪的事情。我忽然觉得自己变轻了！一会儿工夫，我和5B班

的其他同学都飘在了半空中……

噢，不仅仅是我们大家，就连我们的书桌，以及原先放在书桌上的所有物品——铅笔啦，尺子啦，爱丽丝的幸运玩偶啦，都飘了起来。

"通常使我们能够牢牢地站在地面上的是一种看不见的力，它叫做引力。"莱克丝小姐从我旁边飘过时解释道。此时，她看上去比以前更像一个球了！

"当你把球抛向空中时，是地球的引力在吸引着它，如果没有引力存在的话，球就会向上飞向太空了……事实上，如果不是地球的引力将大气吸住，形成大气圈，我们生活的地表就没有空气存在了。"

31

在宇宙飞船里，由于缺乏地心引力，宇航员不可能像在地面上那样，总是保持向下直立的姿势。

戴夫·哈里斯从我旁边飘过，他把身体团成一个球，向前摇着。他慢慢地翻着筋斗，一个接着一个，像电影中的慢动作那样，旋转着穿过教室。

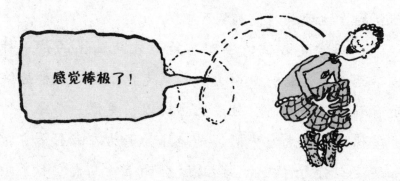

感觉棒极了！

"真难想象，宇航员就这样在空中飘着，还要进行各种操作，那会是什么样的情景？"马克斯飘过老师身旁说道。

"说得好，马克斯！"莱克丝小姐对他说，"尽管宇航员有些时候要系着安全带坐在座椅上工作，但多数时候，他们还得在空中飘来荡去，他们飘着吃东西，喝饮料，甚至睡觉。这就是为什么他们在进入太空之前要接受失重状态下的训练的缘故。"

那飘着的一大块是什么东西？

橘子汁，失重状态下液体也会飘浮起来的。

我们大家都非常开心。我发现自己正不由自主地
向一面墙飘去，于是便团起身来，用脚一蹬，就像在
游泳池里做转身动
作那样——朝相反
的方向飘去。

艾米丽·齐克
比在课桌上做了几
个典型的女芭蕾舞
演员的旋转动作，
我必须承认，她做
得非常优美。简直
妙极了！

"5B班的同
学们，你们该下来了！"像个球似的在半空中安静地
旋转着的莱克丝小姐招呼大家。就在她说"下来"这
个字的工夫，我们大家都慢慢地飘落到地面上，实在
妙不可言，简直太有意思了，我们大家——不管怎么
说，绝大多数人——都希望就那样不停地飘呀飘的，
永远都不停下来。

我们全都回到自己的课桌前，还有一些清理工作
要做，姑娘们正在为这个铅笔盒是谁的，那个铅笔盒
不是谁的争论不休。

"我们，皮克尔山小学登上月球的方式将会与

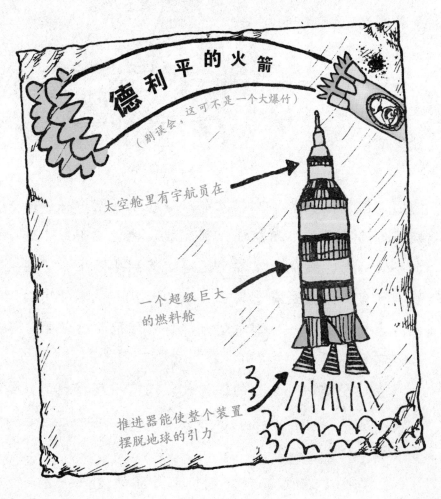

常规的方法有点不同，"莱克丝小姐说，"让我们来看看把第一个登上月球的人送上月球的火箭是什么样的。"

在黑板上瞬间出现了一幅图，我敢发誓——噢，对不起，发誓是不是太粗鲁——百万分之一秒之前那幅图还没在那儿。那上面画着一个叫做土星5号火箭的东西。我们大家照着黑板把它画了下来。

34

德利平的火箭

（别误会，这可不是一个大爆竹）

太空舱里有宇航员在

一个超级巨大的燃料舱

推进器能使整个装置摆脱地球的引力

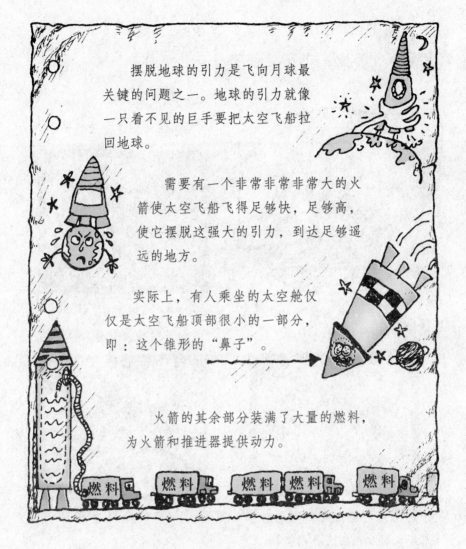

摆脱地球的引力是飞向月球最关键的问题之一。地球的引力就像一只看不见的巨手要把太空飞船拉回地球。

需要有一个非常非常非常大的火箭使太空飞船飞得足够快，足够高，使它摆脱这强大的引力，到达足够遥远的地方。

实际上，有人乘坐的太空舱仅仅是太空飞船顶部很小的一部分，即：这个锥形的"鼻子"。

火箭的其余部分装满了大量的燃料，为火箭和推进器提供动力。

燃料 燃料 燃料 燃料 燃料

"第一个踏上月球的是美国的阿姆斯特朗，"莱克丝小姐告诉我们，"1969年7月发射的阿波罗11号搭载了3名宇航员，阿姆斯特朗是其中的一个。他们乘坐的飞船是由土星5号火箭运载的，升空之后不久，它就与火箭分离开来。"

　　莱克丝小姐把讲台桌的盖板掀了起来，让它竖直立着，哇，它一下子变成了一个电视屏幕！

麦克·柯林斯驾驶着服务舱在围绕着月球飞行……

火箭剩余的两部分分离开来。

叫做"雄鹰"的登月舱，向月球表面飞去。

在登月舱内坐着的是奈尔·阿姆斯特朗和巴兹·奥尔德林。

他们刚好在燃料用尽之时着陆了。

当阿姆斯特朗从梯子的最后一磴下来，成为踏上月球的第一人时，他说：

"阿姆斯特朗的意思是说：'这是一个人迈出的一小步……'但是在万分激动的状态下，他忘记了他想要说的是什么，但是谁又会责怪他呢！"

"他不是第一个进入太空的人，对不对？"德利平说。

"对，他不是。"莱克丝小姐说道，"这个荣誉应当属于苏联的尤里·加加林，他第一次飞入太空是在1961年4月12日。"

"什么时候我们也能到那儿去看看呀？"爱丽丝发起了牢骚。

莱克丝小姐瞄了一眼钟，"噢，对不起，5B班，刚才我们只顾着飞呀飘的，恐怕我们剩下的时间不多了，只好下节课再到月球上去了！"

目的地——月球

"为了不使大家失望，我们的月球之旅马上就要开始了，"莱克丝小姐摇摇摆摆地进入我们的教室，"但是在我们出发之前，你们还需要了解一些有关太空的知识。"

"我们到达月球得花多少时间？"爱丽丝问道，"我已经答应吉玛待会儿要到她家去喂她的小白鼠呢……"

"按常规，大概需要3天才能到达月球。"莱克丝小姐说，"人类到月球的第一次航行，来回只用了8天，这当中有足够的时间去观光。但是，正像我早先说过的，皮克尔山小学的太空之旅就是不同凡响。我保证，你们回来之后还有足够的时间去喂你们的小动物的！"我们大家不禁雀跃欢呼起来。莱克丝小姐在黑板上一笔画出了一个圆得不能再圆的圆圈。

一会儿工夫，那个圆圈就闪烁出银白色的光芒来。"与地球不一样，月球上没有空气。"莱克丝小姐开始讲了起来。

"什么，一点儿空气也没有？"德利平问道。

"对，一点儿也没有。"她点点头。

"是不是因为月球上的引力不够大，不能把空气吸引住呢？"万事通诺尔问道。

"说得非常好！"莱克丝小姐眼里流露出赞许的目光，"如果你再仔细看看，你就能看到在月球上有几块暗黑的平平的大'补丁'。我们把它们称之为'海'，但是实际上这些'海'里一点儿水也没有。月球上还有许多许多黑暗的'圆圈圈儿'，那是陨石坑，是岩石撞击到月球表面而形成的。"

"大家别忘了，尽管有时候月亮看上去很明亮，实际上它本身并不发光，它是反射太阳的光。"

"太阳永远只能照着月球的一半，只是我们从地

球上观察不到罢了。"她指着黑板上的月球的图像说道。当她说话的时候，月球还在变化着呢！

"实际上，月球的形状是不会改变的，只是我们从地球上看到它的样子不同罢了。"莱克丝小姐说，"然而，由于月球围绕地球旋转，我们从地球上永远也看不到月球的另一面，我们叫它'月球背面'。"

"猜中了也不给点奖品吗？"我咕哝道。

"有时，月球也会遮住太阳光！"莱克丝小姐继续说道，"这种现象叫做日食。现在，我来给你们演示演示。"

突然，她手中出现一只葡萄柚。你可别问我那葡萄柚是从哪儿来的，但是我敢跟全英国的水果商打赌，就在刚才，她手上还是空空的，什么都没有。她把那只葡萄柚向空中一抛，它就停在半空中不动了，并且开始燃烧起来，就像真的太阳一般。

随后，她又向空中抛出了一个小苹果——是的，苹果——大约和斯诺克台球一样大小。

这是月球，上边是太阳。

尽管太阳直径比月球大400倍，但是，月球离我们比太阳近400倍，所以从地球上看去，太阳和月亮差不多一般大。

就在这时，那个"苹果月亮"正好从我眼前经过，把那只"葡萄柚太阳"完全遮挡住了。

当月球运行到太阳和地球之间，它可以遮挡住整个太阳！这就是日食！

哇，它把太阳挡住了！

太有意思了！

"你仍然可以从月球的边缘处看到太阳的光辉，"老师说，"那就叫做日冕。"

刹那之间，葡萄柚又变回成葡萄柚，落到莱克丝小姐手中。小苹果则刚好落到她另一只手里。她漫不经心地耍弄起来。"月球绕地球一周需要28天，"她说，"同时，地球本身每365 $\frac{1}{4}$ 天绕太阳转一圈。"

"那么其他那些行星呢，小姐？它们也都和地球一样，要用365 $\frac{1}{4}$ 天绕太阳一周吗？"艾米丽·齐克比问道。

就在这时，那个"苹果月亮"正好从我眼前经过，把那只"葡萄柚太阳"完全遮挡住了。

"那倒不是。还记得你们从黑板上描摹下来的那幅图吗？距离太阳越远的行星，绕太阳一周用的时间就越长。冥王星是最远的一个，它要用248年才能绕太阳一周！"

"所以，如果说一个地球年的时间是地球绕太阳一周的话，那么，一个冥王星年就是248个地球年了？"马克斯说道。

"那就是说，冥王星上的每一个人还没过上他的头一个生日，就早已经老死了！"说完之后，我不禁

准备午餐。倒计时：1分10秒……

有意思！

真迷

哇！

哈哈大笑。怎么样？我还真有两下子吧？

"好了，注意了，"莱克丝小姐说，"大家都系好安全带。"

突然，我们发现大家都已端坐在自己的位子上，而我们的课桌和椅子都转向了窗户。教室里响起一阵阵嘈杂声，所有的家具都被用螺栓固定到地面上，而且还有一大堆灯啊，按钮啊，在我们的课桌上不停地闪烁。课桌都变成了控制台！教室的窗户也变大了，窗外除了蓝天和一两朵蓬蓬松松的白云，什么也看不到。简直太奇妙了！

"10，9，8，7，6，5，4，3，2，1！点火！我们的飞船发射升空了！"一个声音高喊。我觉得有一股无形的力量把我推回到座位里。我努力转过头来向其他人望去——大家都在颤抖着，看上去我们大家——整个教室——都在被摇摇晃晃地发射到太空中去了。

透过窗户，可以看出，我们正以令人难以置信的速度穿过云层，突然之间，我们离开了地球的大气层，天一下子由蔚蓝色变成一团漆黑。我们到达太空了！那种因失重而受到压迫的感觉没有了。我解开安全带，向窗户那边飘浮过去。

哇，地球看上去那么小呀！

窗户外边，远远地在我们下面，曾经是我们操场的地方，现在只能看到地球正悬挂在太空之中。

"伯尼·罗伯兹！"莱克丝小姐向我喊道，"如果你不回到座位上系好安全带，你就会碰着头的。我们就要着陆了。"

其实，她根本用不着告诉我们。大家都感觉到了着陆那一瞬间的碰撞！（当然，我的头也被碰着了，因为我回到位子上太迟了！当然这怨我自己……但是作为全班的"官方"的滑稽逗笑大王，冒这么点险又算什么呢。）

"大家都穿好太空服！"莱克丝小姐命令道，"我们要到月球上去探险了！"大家齐声欢呼，每个人都解开了安全带，在半空中匆匆忙忙行动起来，与其说是走，真不如说是在"游"——就像我们以前练习时曾经做过的那样。太空服也在空中飘着，要把它们穿在身上，还真有些费劲呢！想象一下吧，在失重的情况下，我们人都飘浮在半空中……你再想象一下，我们穿的可不是普通的衣服，那衣服上还连着一对沉重的靴子，还有一个金鱼缸似的大头盔呢！正因为如此，每个人似乎都用了好几年的工夫才打扮停当。

5B班的一次巨大飞跃

踏上月球我注意到的头一件事就是那里出奇地安静，万籁无声，而且这绝不是我们戴着太空大头盔的缘故。因为在头盔里装有内置式扬声器，所以我们可以听到四周的一切动静，如果有动静的话。但是根本就没有什么可听的，没有风——没有传播声音的空气！尽管我们穿着非常笨重的靴子，我们的脚步也是悄然无声的。你也不能把脚重重地踏到地上，因为月球上的引力非常微弱，你的脚迈出去时就好像电影中的慢动作一样，并且要用一些时间才可以触到月球表面。甚至月球表面也不是那么坚实，那上面覆盖着一层厚厚的尘土。

奇妙的是，我们可以像运动员似的跳很高，不费吹灰之力！德利平用极缓慢的动作向我跑来，他向前跨了一大步——他兴奋地发现，他好像是在做一种超级大跨越，一下子腾空而起，跃入半空中。当然，只

是那不是真的"空中"罢了。"空中"什么也没有，是太空！

此时，大家都行动起来了，每个人都可以轻而易举地从月球表面一蹦就跳得好高好高。我猜想，曼迪个子又小，身体又轻，如果她把太空靴脱掉的话，一定会在太空中越飘越远，那样就太可怕了，因为她上个星期还借我50个便士没有还呢。

"集合！"莱克丝小姐示意大家。

"奥林匹克月球跳高竞赛暂时到此结束。"我们哈哈大笑起来。

　　我们大家都穿着看上去完全一样的宇航服，后背上绑着氧气罐，要想分辨出谁是谁来可真是太困难了。然而要认出莱克丝小姐却不会有什么问题。倒不是因为她的服装是圆球形的，而是因为她根本就没有穿宇航服！！！（是的，这里得用3个惊叹号。）她站在那里，站在月球表面，和站在我们班教室里的样子一模一样。她似乎根本就不需要呼吸！

不管你们相信也罢，不相信也罢，是月球的引力控制着地球上潮汐的涨落！

"当你们在月球上跳来跳去时，你们会觉得它的引力似乎不那么大，但是实际上却大得足以影响到地球上海水的活动，"她解释说，"你瞧，由于月球引力的作用形成潮汐——海水每一昼夜有两次上涨和两次退落。当月球绕地球旋转时，它的引力在不同时间作用到不同的海域，就造成了不同的潮汐。"

哇！太神奇了！这么一个满是灰尘的干旱之地竟有如此大的能耐！

菜克丝小姐点点头。"每月两次，当我们看到满月或者在完全看不到的新月之时，月球和太阳位于一条直线上，它们的引力结合到一起，共同吸引作用到地球的大洋上，产生一年当中最大的潮汐。"菜克丝小姐说着，朝她的左边走了过去。我们大家也都跟了过去。

我们绕过一个火山口，呀，那边，就在我们眼前，竟然停着一辆什么车！大家立即围了过去。

"还记得我们前些时候见到的那位宇航员吗？他和他的伙伴们在访问过这里之后，留下了很多东

西，"莱克丝小姐说，"主要是因为他们实在没办法把它们弄回家了。他们返回地球时，必须尽量减轻登月舱的重量。当然，他们在这里插上了旗帜，阿波罗15号还为多年来在探索太空的竞赛中献身的14位美国和苏联宇航员留下了一个小小的纪念碑。况且，他们把东西扔在这里也是出于无奈。"

这个时候，戴夫·哈里斯已经爬到了月球漫游车的驾驶座位上。"我可以把它开走吗，小姐？"他问道，并且就在他说到"小姐"这个词时，月球车突然蹒跚着向前动了起来，而戴夫就坐在上面！我们大家齐声欢呼起来。

53

随后，大家都开着月球漫游车轮流过了把瘾。

"我们在教室里见到的那个宇航员不是说他要

在月球上和我们再相会的吗？"玛丽·琼问莱克丝小姐。突然，我听到有人在我身后清了清嗓子，没错，他来了！

这儿怎么啦？

"你们玩够了吗？我该收回我的月球漫游车了！"宇航员的声音有点严厉。德利平把月球车停下，爬了出来。"谢谢！"宇航员说，"它可不是玩具。"他继续说道，"这个宝贝是一件高科技产品。"

"或者说，曾经是。"莱克丝小姐对我们耳语道，"自从上一次登月以来，电脑技术又取得了突破性进展。"

宇航员显然是听到了她的话，因此非常不高兴。从那金鱼缸似的头盔中可以看出他真的有点生气了。

他把安装在漫游车前面的一台摄像机指给我们看。"这个小玩意可棒了！当登月舱从月球表面起飞时，它可以拍摄下全部实况。"他解释道。

身为班级的"官方"逗笑滑稽大王——即使是在月球上，我也没忘记自己的职责——我踱步走到摄像机镜头前，就像人们照相时常做的那样咧开嘴说："茄子！"

是我的想象，还是那宇航员头盔中的水蒸气又多了一点？他没有理会我，而是继续滔滔不绝地谈论着电视图像。

55

孩子们，也许真的很难令人相信，通过这么个小小的卫星发射天线，就能把电视图像画面发送到地球的接收天线上。

事实上，这也没什么可大惊小怪的，很多人家房子旁边都有碟式卫星接收天线的！

　　不知不觉中，5B班的月球之行就这样结束了。我们该回家了……噢，至少该回到皮克尔山小学。我们与宇航员告别，挤进我们的教室"太空飞船"，脱下了太空服，坐到座位上，系好安全带——5，4，3，2，1——我们又腾空而起，向我们的家园飞去。

　　因为月球的引力很弱，我们的"飞船"不需要太大的喷火的推力就摆脱了月球的吸引，把我们又发射到太空之中。

　　刹那间，窗外已经又是皮克尔山小学的操场和远处的景色了。我们到家了。

　　"我们真的刚刚到过月球然后又回来了吗？"爱丽丝问道。

　　"你当然没有想到吧，如果那是你想说的意思。"马克斯说。

　　但是，我明白爱丽丝说的是什么意思。那就是你永远不能肯定，在皮克尔山小学里发生的事，分不清什么是真的，什么是假的！那些宇航员就在我们眼皮底下一下子消失不见了，怎么会那么容易呢？这时，下课的铃声响了。

　　"明天见！"莱克丝小姐说。

返回地球

登月舱从月球上点火发射。

与在轨道上飞行的服务舱（火箭的剩余部分）对接。

宇航员离开月球舱与服务舱内的宇航员会合。

登月舱弹射开来。

服务舱飞向家乡……

在海中降落。

马克斯·莫里森作

57

会见水星、金星和火星

"距离太阳最近的行星是水星。"莱克丝小姐一边说着一边跳着进入我们的教室，一堂新课就这样开始了。

"它还可以用来制作老式温度计*。"我说。

我接过老师的话茬，抖出一个高水平的笑话。可惜，没人发笑！真是对牛弹琴！

"液态金属水银也好，行星水星也罢，都是得名于同一个角色——罗马神话中的一个神——墨丘利。"她眼睛眨也不眨地继续说道，"事实上，我们太阳系中除两个行星之外，其他所有行星都是以罗马神话中一些神的名字命名的，如：玛尔斯（火星——战神）、朱庇特（木星——主神）、萨图努斯（土星——农神）、乌利诺纳斯（天王星——天王）、尼

---

　　*英文Mercury除水星之意外，还作水银解，故伯尼·罗伯兹有此一说。——译者注

普顿（海王星——海神）、普鲁托（冥王星——冥王）。谁能说出另外那两个行星的名字？"

诺尔首先举起了手，但是莱克丝小姐却转而问苏尼塔。"是地球和金星。"苏尼塔回答。

"正确！"莱克丝小姐说，"金星是以爱神维纳斯的名字命名的。"

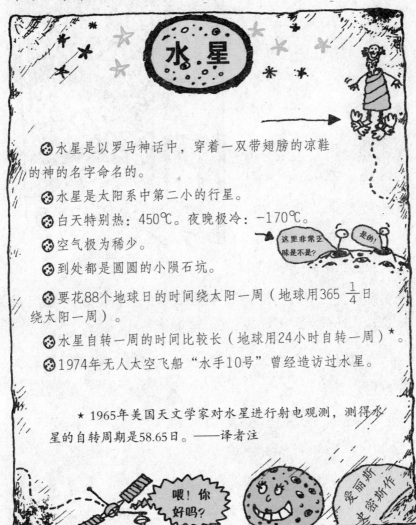

水星

⊛水星是以罗马神话中，穿着一双带翅膀的凉鞋的神的名字命名的。

⊛水星是太阳系中第二小的行星。

⊛白天特别热：450℃。夜晚极冷：-170℃。

⊛空气极为稀少。

⊛到处都是圆圆的小陨石坑。

⊛要花88个地球日的时间绕太阳一周（地球用365 $\frac{1}{4}$ 日绕太阳一周）。

⊛水星自转一周的时间比较长（地球用24小时自转一周）*。

⊛1974年无人太空飞船"水手10号"曾经造访过水星。

★1965年美国天文学家对水星进行射电观测，测得水星的自转周期是58.65日。——译者注

"水星外面是金星。"莱克丝宣布道,"现在,都在你们座位上坐好,谁也不要动!"她一步跨到橱柜跟前,把柜门一下子打开。

我喘了一口大气。那是一个通往另一个世界的门廊:门外是火山爆发时通红的景象!"见识见识金星的表面是什么样的吧!"莱克丝小姐说,在这吓人的火光映照之下,她也是浑身一片橙红,"这是一颗表面非常炽热的行星,它靠反射太阳光发亮。在这个行星上遍布着火山

和熔岩湖……"慢慢地,橱柜中的——或者是柜门的另一侧,不管它是什么——景象开始暗淡下去。

"我们从地球上用望远镜很难观测到这种景象,因为它也有一层大气。"

"您是说金星和我们的地球一样也有空气和云?"艾米丽·齐克比问道。

"金星有云,但是和地球的不一样,"莱克丝小姐说,"金星的大气中有一层又浓又厚的硫酸雨滴和

硫酸雾云层。金星上没有空气，有的只是可以置人于
死地的二氧化碳气体。而且那儿的二氧化碳气体不仅
压力很大，它还吸收大量的太阳的热。"

"水星、金星的外面是地球，然后就是距太阳
第四远的行星——火星……请不要用巧克力糖*来打
岔。"莱克丝小姐直视着我说道,就好像我肯定会打岔
似的! 我只好咧嘴一笑而已。

"因为火星是红颜色的，并且以罗马神话中勇猛
威武的战神的名字命名。你们也许会认为它比地球要
大、要热，而事实上，它比地球还小还冷。冷，是因

★英国生产一种巧克力糖以Mars为商标，故而老师这样说。

——译者注

为它距离太阳更远。尽管它上面的确有一个非常壮观的火山，而且比喜马拉雅山高出3倍！"

"可不是每个人都会发疯似的要去爬它的！"我插上一嘴。

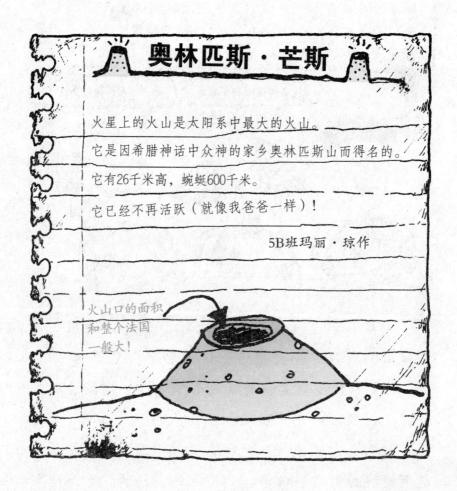

奥林匹斯·芒斯

火星上的火山是太阳系中最大的火山。

它是因希腊神话中众神的家乡奥林匹斯山而得名的。

它有26千米高，蜿蜒600千米。

它已经不再活跃（就像我爸爸一样）！

5B班玛丽·琼作

火山口的面积和整个法国一般大！

"过去，人们猜测火星上有运河。"莱克丝小姐说。

"运河？"德利平好奇地问道，"你的意思是说有大船在上面航行的运河？"

"是，又不是。"莱克丝小姐说，她的这种说法令我们一头雾水，弄不清她到底是什么意思，"在19世纪，有些天文学家认为他们看到了火星上有运河。"

"那他们的眼神简直太棒了！"马克斯笑道，企图越俎代庖，抢我的活儿干。

"不如说是出类拔萃的想象力。"我加上一句，轻轻松松就会令他那蹩脚的笑话相形见绌。

"人家用望远镜的，真蠢！"诺尔说道。

"完全正确。"莱克丝小姐点点头，摇摇摆摆走到讲台桌前面，"通过望远镜，他们看到一些看上去像是人工开凿的运河。瞧！"她指着黑板的上方。就在墙上，不可思议地出现了一幅红色行星表面的图像，就好像我们是通过一台望远镜看到的，那图像上面有一些非常直的线条。它们看上去的的确确像是什么人挖掘出来的。

"像是什么人挖掘出来的，但绝不可能是人

类。"莱克丝小姐指出，"所以19世纪的天文学家判定这些运河是火星人的杰作。"

"但是火星人可是假想出来的呀，小姐！"爱丽丝说，语气听起来不那么肯定。嘻！嘿！

"现在我们知道确实如此，"莱克丝说，"但是那时候人们并不知道呀！"

"那么这些所谓的运河到底是什么东西呢？"玛丽·琼问道。

"是一种光的幻影，是眼睛的错觉。这里的图像是用望远镜透过我们的大气层看到的火星表面的情况。上面所有的东西都是模糊的。但是在太空中向火星望去，情况就不一样了。"莱克丝小姐的手指"咔"的一声打了个响，眨眼之间，图像变得清晰了许多，原先看上去是直线的东西，现在变成了互不相连的点。是陨石坑和其他什么东西，我想："原来是天文学家在他们的脑海里将这些点连到一起了！"

"但是，在其他行星上可能也会有生命存在，是不是，小姐？"爱丽丝问，她真的满心希望外星人看上去像她非常喜爱的马一样。

"是的，"莱克丝小姐点点头，"也许会吧，就像我们希望的那样！"

"哇！"我们大家异口同声地惊呼道。

"是否有谁——我是说任何人——曾经到过火星？"瞌睡虫托米从教室的最后一排座位上发问道。我怀疑我以前是否曾经提到过他，因为他在课堂上总是睡觉——除了我们在月球旅行之外——更不用说他会提问题了！

"从来没有人到过火星，但是人造探测器——'海盗号'曾经两次登陆过火星，"莱克丝小姐答道，"如果我们大家动作快点，到操场上去，或许还来得及看到。"在你刚刚说出"底线得分"之前，我们个个都像怀里抱着橄榄球向底线冲刺的运动员一样，飞快地冲出教室，冲出了大楼，奔到操场上。我们大家满怀期望地仰头向天上望去。

"海盗号"砰的一声落在了草坪上。"它在火星上着陆时要轻柔得多,因为火星的引力要小得多。"当我们向太空探测器冲过去,对它上下左右仔细端详的时候,莱克丝小姐对我们大家这样解释。莱克丝小姐围着探测器一边飞速地跑着,一边指给我们看探测器上的各种东西是干什么用的,她跑得快得就好像她会分身术似的,一下子变成了好几个她!她简直比德利平在蛋糕店里还兴奋!

这个碟子,可以通过卫星把信息发送回地球。

这台设备是用来监测火星气候的。

这个"勺子"是用来采集岩石和土壤样本的,火星被叫做"红色的行星",就是因为它的土壤是红色的。

这种带有缓冲垫的脚,是用来缓冲着陆时对仪器的伤害。

随着莱克丝小姐的继续讲解，"海盗号"登陆器上咔咔、呜呜的声音响个不停。"这台机器装有各式各样的传感器，它可以触摸、感觉，甚至嗅闻火星上的气味，并且把信息发送到地球上……它没有发现生命存在的蛛丝马迹，但是它的确发现许多由水多年冲刷而成的干的山谷……这真是令人难以置信，因为这意味着火星上可能曾经一度有过可以存活的生命。"

"但是就在刚才，您还说过火星人不过是假想的！"我抗议道。

"如果生命真的一度存在过，那它们也很可能只是生活在池塘里的单细胞有机物，而不是像我们一样能走路、会说话的多细胞生物。"莱克丝小姐说，"它们可能更像我们地球上的阿米巴变形虫。"

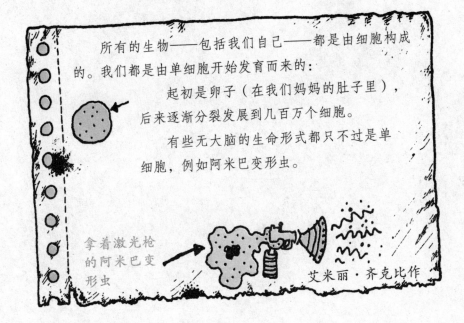

所有的生物——包括我们自己——都是由细胞构成的。我们都是由单细胞开始发育而来的：

起初是卵子（在我们妈妈的肚子里），后来逐渐分裂发展到几百万个细胞。

有些无大脑的生命形式都只不过是单细胞，例如阿米巴变形虫。

拿着激光枪的阿米巴变形虫

艾米丽·齐克比作

　　"某些科学家甚至不相信在火星上有最基本的生命形式，更不用说绿色的植物了！我们对此认识得非常有限……现在，大家都回到教室里去。'海盗号'探测器要执行任务了！"

拜访木星

69

星期一早晨第一节课就是莱克丝小姐的，当大家挤进教室时，她已经在那里等候我们了。她脸上挂着一副诡谲的笑容，似乎要极力掩盖某种秘密。是那种我期待着别人一打开铅笔盒看见我藏在里面的橡皮老鼠时，脸上会有的因心虚而又故作没事似的笑！我们走到各自的座位前，往下一坐，竟都穿过椅子摔到了地板上！

　　莱克丝小姐抿着嘴笑了起来，她圆圆的身体笑得乱颤。"我知道，我这么做可能有点过分。但我只是想要提醒你们，有些东西看上去很结实牢固，其实并不真的是那样。大家都起来吧！"我们大家全都站了起来。

　　"好啦，现在你们的椅子应该是很结实牢固的，可以坐下了。"

　　我们大家又都重新坐下来……心情十分紧张！

　　"现在，5B班的同学们，我们太阳系之旅的下一站是距太阳第五远的行星——木星，它与我们此前所遇见到的任何行星都不一样。它看上去是我们熟悉的球状，但是它不是固态的，它主要是液氢和液氦的混合物——因此你不可能站在它上面。"

飘浮在天花板上的那些气球，就是氦气球，是不是？

是的，因为氦比空气轻。

"到目前为止，木星是我们太阳系中最大的一颗行星。事实上，它非常之大，大得你可以轻而易举地把其他8个行星，一股脑儿装到它里面……"

"那可真是够大的。"戴夫·哈里斯附和道，教室里还响起了几声口哨声。"而且它还比太阳系中任何其他行星自转得快得多，以至于它的'腰围'部分看上去非常突出！"我们身材像个球的老师这样说道。我看了她的肚子一眼，但什么也没敢说！

木星的大鼓肚

这颗行星主要是由液态气体构成的。当它自转时，有一种叫做离心力的东西使液体沿着直线向外运动，而不是停留不动保持圆球状，因此造成它中间凸出。

木星

弗瑞丝小姐

由出类拔萃的（不是大鼓肚的）伯尼·罗伯兹作

"即使你真的能够站到木星的非固态表面上，你也得需要一双质量很好的惠灵顿牌的长筒靴和一把伞。"莱克丝小姐说，她提高嗓门，声音高过风的呼叫。（教室里有风？不知从什么地方刮来的风！）

木星上的气候非常恶劣。你们在它"表面"上看到的斑点，实际上是风暴……有谁听说过大红斑没有？

"是不是上星期诺尔鼻子尖上的那个大红斑，小姐？"我问道，同时按住我书桌上开始被风吹得散开来的书本和纸张。

"那是木星上的一种风暴，最初发现于1644年……直到今天那风暴仍然存在。"她在讲述着350年来一直呼啸着的风暴！

"但是为什么把它叫做大红斑而不叫做一块大云彩？"苏尼塔问道。

"或者叫湿乎乎的大毯子？"我补充了一句。

"因为从地球上看去，它就像是那个样子。大红斑非常之大，有时候你甚至通过一架普通的望远镜就能观察到它！"莱克丝小姐说。

"用一架普通双筒望远镜就能看到木星的卫星，这是真的吗？"马克斯问，他的喊声高过风的吼叫声。

"只能看到4个。"莱克丝小姐说，她身体悬在讲台桌的边上，头发在身后飘荡。"4个？"我问，"它一共有多少个卫星，小姐？"

"30多个！"＊"它可够贪婪的。""你说什么？""它是十足……"我没来得及说完这句话，因为我的书桌被吹走了，曼迪被吹得从我身旁飘过，这一下子分了我的心。

———
＊现在我们观测到木星的卫星有61个。——译者注

我们大家都被刮到挂着黑板的那面墙下，身上堆满了椅子、书桌、书和其他一切未被钉牢在地上的东西。这时，风突然一下子停了。

刚一上课，我们大家就穿过"非固态"的椅子摔到地上，现在我们又被风几乎撕成了碎片！"这可是让你记住木星上的气候是何等状况的最好不过的方式呀！"莱克丝小姐说，那种意味深长的笑容又回到她的脸上！

"那么，从这个刮着狂风的液态气体的行星，我们将转移到因有光环围绕而著名的另一个行星，"莱克丝小姐说，"知道是哪个行星吗？"

你虽然不是万事通也能回答这个问题。5B班的全体同学异口同声响亮地喊出了答案："土星！"

造访土星

"像木星一样，土星也主要是由氢和氦构成的，并且也很大——仅次于木星，名列第二。"莱克丝小姐告诉我们。

"它也有很多卫星吗？或者是和我们地球一样，虽然只有一个却很知足？"我问道。

"实际上，伯尼，我们知道它至少有18颗卫星，可能还要多。*众所周知，这些卫星有的是巨大无比的冰块，但是其中有一个卫星拥有比我们的地球还要厚的大气层。"

"那么，就是说，不是所有土星的卫星都和我们的卫星一样啦？"爱丽丝问道。

"一点儿也不一样。就像那些行星都是各不相同一样，它们的卫星也各不相同。围绕着土星旋转的卫星中有一个，我提到过，它叫做泰坦。"

★目前所知土星的卫星有31个。——译者注

"光环！"艾米丽·齐克比插话说，"我想，我们该讨论讨论光环了！"

"完全正确！"莱克丝小姐说，"就让我们来说说这个话题吧。谁能猜猜光环是由什么构成的？"

瞧着我干吗？

我们大家不约而同把头转向了万事通诺尔。

"冰，"莱克丝小姐的答案实在出乎我的意料，"那千千万万个窄窄的环是由几百万块冰构成的。"

"这些冰块有多小呀，小姐？"我问道，"和冰箱冷冻室中的小冰块一样大吗？"更令我惊奇的是，她竟然点了点头。

"最小的冰块就和冰箱里的小方冰差不多一样大，最大块的可能有咱们皮克尔山小学的面包车那么大吧。"

"想象一下，你的饮料中漂着那么大的冰块！"马克斯说，他居然占了头筹，抢在我的前面。全班哄然大笑。

"下面，我需要一个志愿者来帮忙。"莱克丝小姐说。我正好站在她身边，就不失时机地赶紧说道：
"我来，小姐！"

"谢谢你，伯尼。"她冲我一笑，"但是我想，我们还是让爱丽丝来吧。"我回到座位上，嘴里嘟囔着："不公平！"而爱丽丝站了起来，走到前面。"务必站好，不要动。"莱克丝小姐嘱咐她。

一会儿工夫，我就明白了为什么她没有选择我。她打开手袋，从里面掏出一些不同颜色、不同大小的塑料圈，并且开始把它们朝爱丽丝的头上套去——最先抛出的是最小的一个。那些塑料圈并没有落到爱丽丝的肩膀上，而是停留在与她眼睛一般齐的半空中。突然，爱丽丝的脑袋居然也跟着慢慢转动起来。我暗自庆幸，幸亏站在那儿的不是我！

我要你们把爱丽丝的头想象为土星，把塑料圈想像为土星的光环。像地球一样，土星也有一个倾斜的轴。

因为土星与地球之间有一定的角度，所以我们可以通过望远镜，每29年就有两次机会能看到土星所有的光环。

并且这些光环每29年半似乎完全消失两次，因为我们只能看到最外面的一个光环的边，看上去就像一条细细的线！

我晕了！

菜克丝小姐谢过爱丽丝，片刻之后，那些塑料圈纷纷下落，掠过脖子落到她的肩膀上，好像她戴上了许多项圈。爱丽丝低头看了看，晕乎乎地说："它们挺漂亮的！"我们大家都笑了。

"我不能再借用爱丽丝的脑袋进行下面的演示了，"莱克丝小姐说，"我需要另一个土星。"她在口袋里摸着，这回，拿出了一个喷雾器。她在自己头顶上方，滋地一喷，于是在半空中出现了一个垒球大小的气体构成的球，并且很快，在球的周围出现了光环！随后，她把那喷雾器放到一边，小心翼翼地捧起了那个"行星"，球表面的气体开始在她的手指之间旋转起来。那情景有点像什么人在捧着一个雾做的球。

"因为土星主要是由气体构成的，所以它在我们太阳系所有的行星当中是密度最小的一个。换句话说，它个头儿挺大，可是却很轻。"她说。

"把那个柜子底下的门打开好吗，爱丽丝？里面不管有什么，你都把它拿出来。"爱丽丝按照老师的话做了，结果她拽出来的是一个盛满水的大玻璃缸。"您要洗个澡，还是要游个泳？"我问道，莱克丝小姐对我的超级精妙绝伦的打趣未予理睬。

"如果能够把其他8个行星中的任何一个扔到这个装满水，又大得足以装下这些行星的缸里，任何一个都会沉底的，但是土星却……"

　　水溅了爱丽丝一身，她浑身上下都湿透了，但是她似乎一点儿也不在乎。当她把那小缸又推回到柜子底部时，我想，这堂课快结束了，但事实上却并未如此。莱克丝小姐给我们讲了更多有关这颗行星的有趣的知识。

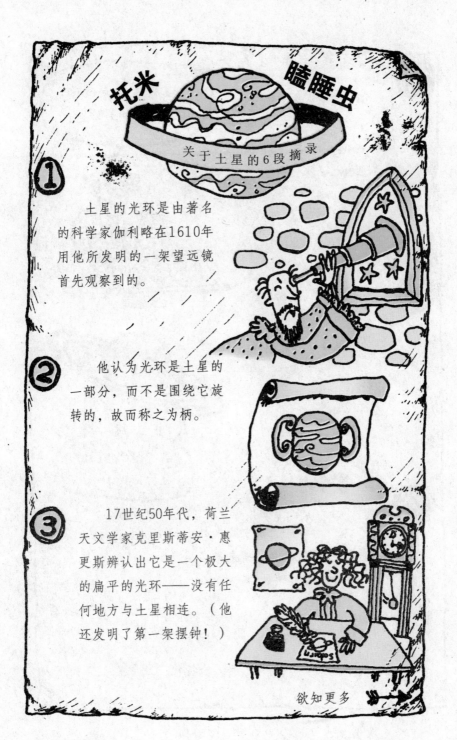

托米　瞌睡虫

关于土星的6段摘录

① 土星的光环是由著名的科学家伽利略在1610年用他所发明的一架望远镜首先观察到的。

② 他认为光环是土星的一部分，而不是围绕它旋转的，故而称之为柄。

③ 17世纪50年代，荷兰天文学家克里斯蒂安·惠更斯辨认出它是一个极大的扁平的光环——没有任何地方与土星相连。（他还发明了第一架摆钟！）

欲知更多

④ 后来，科学家们发现土星有许多不同的光环，并且给这些光环起了一些极为乏味的名字A、B、C、D和E……

我从这盆字母汤里得到的灵感。

⑤ 后来人们发现这些光环竟然是由许多更薄的环组成的，这些更薄的光环叫做小光环——有100 000个。

嘿，让我们聚集在一起吧！

⑥ 这些光环从土星中心向外延伸了136 200公里。那差不多是地球到月亮距离的1/3。

托米·哈特作

82

"我们是如何知道这一切的，小姐？"万事通诺尔问道，"似乎没有人曾经登上过土星。"

莱克丝小姐朝他看了一眼，那种表情很有趣，似乎在说她每个周末都在土星上野餐似的。嗯，值得思考一下这个问题，没准她真的每个周末都在土星上野餐呢！我正要问她土星上的大气层会对冻的热狗有什么影响时，她回答了诺尔的问题。"我们是从'先驱者'11号、'旅行者'1号和2号那儿得知的。"她说，"它们都是美国制造的无人太空飞行器，都曾飞到离土星很近的地方，并拍摄了许多照片，记录下许多重要的信息。"

"当然，土星并不是唯一带有光环的行星，"莱克丝小姐说，"天王星——你从太阳算起，土星之后的下一个行星——拥有10个光环。天王星是个奇怪的行星，因为它几乎是躺在轨道上运转的，并且，它有15颗卫星。*我们要不要去那儿看看？"

用不着商量，我们的喊声令人震耳欲聋……喊声还没有停下来，我们大家就都已经坐在座位上，系好了安全带，万事俱备，就等待发射了！

★目前人们已经观测到天王星有24颗卫星。——译者注

"我们真能在天王星上登陆,还是说它又是一个气体构成的大球?"万事通诺尔问道。我本打算形容它像个气做的球什么的,又觉得那样太粗鲁,就把话咽了回去……

"在天王星上,压力使大部分气体变成了液体,"莱克丝小姐飘浮到我们面前说,因为她没系安全带,而此时我们已经摆脱了地球重力的吸引。"天王星的表面覆盖着水。"

这里没有干燥的土地。有朝一日,飞船可能会降落在它上面并在它上面航行,但再起飞可能就成问题了。

"我们要做的是试着在它的一个卫星上着陆。我想米兰达应该是最佳选择。我敢说……它也是一个非常有趣的地方!"莱克丝小姐刚说到"米兰达"3个字,姑娘们就齐声呼道:"噢!"我以为她们是为米兰达这个好听的名字,或者姑娘们喜欢的什么东西而高呼,但是立刻我就明白了,她们是被窗外的景象吸引住了！

　　那是一颗蔚蓝色的星球，它的光环是从上到下环绕着的，而不是横在中央。现在我才搞明白莱克丝小姐说的天王星躺在轨道上是怎么一回事了。

　　她朝椅子飞去，做了一个慢动作的后滚翻，漂亮地落在她的座位里，系好了安全带。我们准备降落了。

　　"虽然我们用皮克尔山的小小特技，刹那之间就能到达天王星，"她说，"但是实际上它离我们地球非常遥远，没有望远镜很难观察得到。尽管在1781年它就由一个叫威廉·赫歇尔的人发现了，但直到'旅行者'2号无人探测器来过之前；我们对它还知之甚少……瞧！米兰达到了。"

莱克丝小姐在她的控制盘上敲入几个密码指令，于是我们的飞船发射升空而去。幸亏我们都系好安全带，不然的话我们大家就可能全部完蛋，不知堆在什么地方了。我向窗外我们的目标米兰达卫星望去。很显然，它上面覆盖着许多巨大的槽沟和"划痕"。我真不知道应该如何形容它，它上面看上去没有一处是平坦光滑的。一会儿工夫，我们来到米兰达的地面上。"这一回，我们皮克尔山小学的特制专利——反重力靴将会大显身手了，你们自己很快就会发现这是为什么！把这靴子和太空服穿上，然后随我来。"

10分钟之后，我们走出了飞船。

关于它们是如何形成的有两种推测。一种推测认为，这里曾经有冰存在，冰融化之后，就使它成了这个样子……

另一种推测认为，米兰达曾经被流星撞击过，并且受到严重伤害，而这些就是愈合的"伤口"。

待在那儿，别动！危险！

90

　　太危险了! 我、德利平和马克斯——对, 就是我
们3个, 站在悬崖边上, 差点儿掉下去。我们发现,
悬崖下面用深来形容远远不够, 那可是深、深、深、
深、深极了。我们可不是夸大其词……我们是……我
们是……咳, 这么跟你说吧, 万事通诺尔后来发现,
天王星的最小卫星, 米兰达, 因两件事而著名——那

些深槽像赛车场的跑道，那些悬崖峭壁是那么吓人，可以吓得你腿肚子打哆嗦，心跳加快，仿佛大病一场！事实上，那些悬崖峭壁是那么高，相形之下，喜马拉雅山也都成了小儿科。这么说吧，如果它要是在地球上的话，不但能挡住飞机的航道，就算是航天飞机要进入轨道，围绕行星飞行也会嫌它碍事的！它太高大了……即便我们万分确信莱克丝小姐决不会让任何倒霉之事降临到我们头上，我还是很庆幸我们及时停下脚步，没再继续向前跑。

当我们的"教室航天飞船"再次起飞时，周围一片寂静。"还没回到皮克尔山呢！"有人咕哝道。

"确实没有，"莱克丝小姐说，"既然我们出来这么远了，我想不妨到我们太阳系里倒数第二的行星附近转一转……是哪个行星来着？"

"海王星。"苏尼塔和诺尔同时说道。

莱克丝小姐点点头，"在我们到达之前，你们还有时间在你们的数字记事本上做一点记录。"

"什么是数字记事本？"爱丽丝问道。

"这些就是。"莱克丝小姐说。与此同时，一些电子记事本和一些特殊的"笔"出现在我们面前。

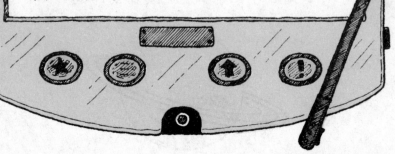

海王星　诺尔·欧奈尔
数字记事本

▶ 它是我们太阳系中的第八颗行星。

▶ 有4个光环围绕着它。

▶ 它有许多卫星，其中之———海卫一是我们太阳系中最寒冷的地方。

▶ 海王星是在1846年被发现的。

▶ 通过望远镜看到的海王星非常小，颜色非常蓝。

▶ 人们曾经认为海王星和天王星是一样的，它们曾经被称为"双行星"。

▶ 当"旅行者"2号经过这两个星球后（天王星是在1986年，海王星是在1989年），科学家们了解到，海王星上的气候更为恶劣，存在着强劲的风暴和"白斑"。

"这些斑点是什么，莱克丝小姐？"

我问道："是牛痘吗？"

莱克丝小姐极力忍住没笑，但我看得出来，她也认为我挺风趣的。"不，伯尼。"她说。

"它们和木星上的大红斑一样吗？"苏尼塔问道。"对。"莱克丝小姐答道，"污点！"我笑了。

"它们是风暴，"莱克丝小姐继续讲道，"最著名的是大暗斑和'滑板'，它们在数百年前就开始刮起来了。1989年，'旅行者'2号清楚地看到大黑斑，但在1994年用哈勃望远镜观测海王星时，它们似乎又消失了……但那时，又有一个新的斑点出现了。"她向窗外指了指。

那个斑点是风暴。

它看上去像一块青肿的伤痕。

"我们不在海王星上停留一下吗？"艾米丽问道，她好像颇为失望。

　　"好主意！"马克斯说，"那样我们大家会被风暴撕成碎片的。"

　　"最好别动，还是让我们停到它的卫星海卫一上，我情愿被冻死。"我提议道。

　　"有意思的想法，这两个地方都去更好。"莱克丝小姐装出对我们的话很认真的样子，"我想，我们该回皮克尔山了！过一会儿我还得给一场篮球赛当裁判呢！"她眨眨眼说道。

　　我怀疑她是否会给人家判错球。

　　"请大家务必正确系好安全带，"她继续说道，"我可不想让大家迟到，我要加大马力了。"

　　她在讲台桌的控制盘上敲入几个指令。"我们需要在5、4、3、2、1……0秒内回到学校！"

　　砰然一声巨响，我们大家又都回到了那间普通的教室里，坐在了我们普通的椅子上，窗外依然是那普普通通的景象……一切正常，除了着陆时的颤动！

　　莱克丝小姐捋了捋头发说："噢！家呀，甜蜜的家呀！大家下堂课再见！"说着，她摇摇摆摆地走了。

冥王星，人造卫星，空间站和航天飞机

第二天早晨，莱克丝小姐又摇摇摆摆地来到了5B班。

"大家好，"她说，"今天是我们关于太阳系的最后一堂课。"教室里响起了一片嘀咕声。"我们将以从太阳算起最远的一颗行星来'开球'。"当她说道"开球"这个词时，只见她抛出一只橘子来，一脚把它向我们头顶上方高高踢去。还好，没有橘子瓣、橘子核、橘子皮和橘子汁什么的溅得我们身上满处都是——如果是我踢那橘子，一定不会是这样的结果——那只橘子在我

96

们头顶上猛转起来，就像一颗小小的行星。

"你们把这只橘子想象为冥王星，我们太阳系中最小，距离最远的行星。"莱克丝小姐说道，而那只旋转着的橘子收缩，收缩，收缩得越来越小，直到我们几乎看不见它了。"如果说地球像一个台球那么大，那么冥王星也就像一根线上的一个结！"然后，她让我们记下许多其他有趣的事情。

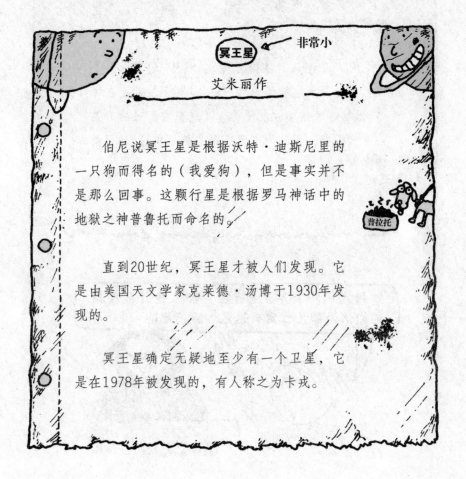

冥王星 → 非常小

艾米丽作

伯尼说冥王星是根据沃特·迪斯尼里的一只狗而得名的（我爱狗），但是事实并不是那么回事。这颗行星是根据罗马神话中的地狱之神普鲁托而命名的。

普拉托

直到20世纪，冥王星才被人们发现。它是由美国天文学家克莱德·汤博于1930年发现的。

冥王星确定无疑地至少有一个卫星，它是在1978年被发现的，有人称之为卡戎。

卡戎的名字与普鲁托密切相关，因为在希腊神话中，他是将亡灵摆渡过冥河送到统治阴曹地府的普鲁托（冥王）那里的摆渡之人。

卡戎与其围绕旋转的冥王星相比，就显得非常之大了。

冥王星拥有岩石构成的核，它是由冰和冻结起来的甲烷气体覆盖着的。

有人曾经认为在海王星之外，一定还有一个很大的行星。它被假设为X行星，冥王星就是在搜寻X行星的过程中被发现的。（这使得全班的男孩们非常振奋！）然而并没有确凿的证据证明X行星确实存在。

　　"还记得吗，我们曾经讨论过，引力如何把物体吸向地球，以及月球上引力不是很大，所以你们在月球上感到自己轻了许多？"莱克丝小姐问道。我们大家都点头表示记得。"是行星的引力使得它们的卫星围绕其旋转，太阳的引力吸引行星，把它们拉向太阳，并使之围绕着太阳旋转。"

　　"通过观察遥远的行星与行星相互之间运动的状况，有些人认为，应该还有其他的引力来源存在——"

　　"而这种来源可能是另外一颗大行星。"诺尔插嘴道。

"这么说，我们看过了我们太阳系中的所有行星了，那么下一个要看的是什么呢？"戴夫·哈里斯问道，"一场足球赛？"戴夫是个球迷。

莱克丝小姐皱了皱眉。"我们可以看球赛的……但首先，我想你们可能还想看看一些曾经到过太空或是现在仍然还在太空中的东西。人造的东西，诸如探测器啦，人造卫星啦——"

"还有空间站和航天飞机！"艾米丽·齐克比无比激动地又加上一句。

"完全正确！"莱克丝小姐点头称是，"海王星是我们可以探测到的太阳系中最远的一颗行星，在1989年2月曾经由无人探测器'旅行者'2号访问过。它是在1977年发射升空的，由此可见，这路程相当长啊。"

"'旅行者'2号上是不是也没有人呀？"苏尼塔问。"问得好！"莱克丝小姐笑道，"专家们使用'没有男人（unmanned）'这个词时，他们实际上是说'没有人类（unhumaned）'——换句话说也就是没有男人也没有女人在探测器上，那些探测器上没有搭乘任何人，只有一些能把信息传回地球的设备。"

"曾经飞临太阳最近的探测器叫'水手'10号，它也曾3次经过水星附近，去采集科学资料。此外还有许多其他人造的硬件设备散布在太空中，如人造通信卫星，因此我们才能不用电话线也能在全球范围内进行通话。"

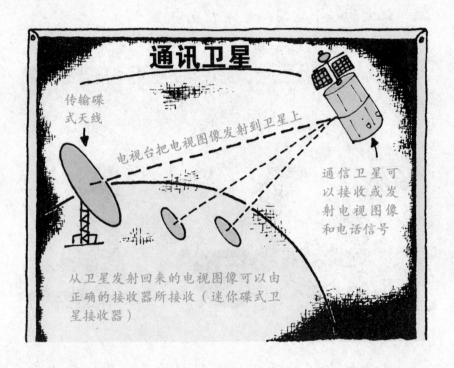

"第一颗人造卫星是哪一颗？"马克斯问道。

"'斯布特尼克'1号，"莱克丝小姐答道，"它是由俄国人在1957年10月4日发射上天的——三年半后宇航员第一次进入太空，十多年后人类登上月球。当时，它的发射在全世界引起了轰动。科学幻想一下子变成了科学事实。"

"我们今天有了载人空间站和航天飞机，相比之下，那时候的人造卫星就实在没什么可大书特书的了。"

　　"空间站是什么样的？"马克斯问道，"如果说，一枚火箭摆脱地球的引力都很困难，那么怎么能把那么大的一个空间站送到太空中呢？"

　　"是这样，比如苏联的'和平号'空间站，苏联人是把部件先送上太空，然后在太空中再把它们组装成空间站。"

　　莱克丝小姐打开一个毛毡制的旅行袋，从里面拿出几件东西，样子好像是古代纸牌游戏卷，她把它们抛向空中，它们以慢动作自行连接到一起，形成了一个"和平号"空间站的模型！教室里一下子鸦雀无声，简直像在太空中没有赖以传播声音的空气一样，万籁俱寂，而且我们的教室里也变得暗了下来，我们能看到的只有那些刚刚组合在一起的部件。

　　现在，苏联的空间站已经"建"成了。我们大家都惊讶紧张得透不过气来了。一架美国的航天飞机飞入我们的视线，现在它泊靠到太空中的空间站了。这一切似乎都跟真的一样。

103

"'和平号'空间站已经被毁掉了，是真的吗？"诺尔激动地问道。

"是的，从此再也没有人在它上面工作了，但是它是在绕地球运行多年，出色地完成了许多工作后才被毁掉的。空间站的大部分是重新返回地球大气层时烧毁的，但是也有极少部分是坠毁的。这是发生在2001年的事。"莱克丝小姐不无感慨地用颤抖的声音说。

"那是人类首次进入太空旅游的同一年，是吧？"苏尼塔问道，她似乎也成了太空迷了。

"你问得不错嘛，苏尼塔，的确是这样。"莱克丝小姐回答道。

他的名字叫丹尼斯·蒂多，美国的一位百万富翁，是自费到太空旅游的第一人。

"他是搭乘苏联的飞船，上到好几个国家共同研制的国际空间站的，并且他同意为他损坏的任何东西额外赔偿！"

"您是被派往太空的第一位学校老师吗？"马克斯问道。

菜克丝小姐摇了摇头。"不是，第一位是名叫克利丝达·麦克奥利芙的美国女教师。她是从数百名申请乘坐航天飞机的人中挑选出来的。非常不幸的是，'挑战者'号航天飞机在1986年1月发射升空73秒之后爆炸了，飞机上载着她和其他6名宇航员，他们全部遇难了。"

空间站模型和航天飞机都逐渐化为乌有，我们的教室重新明亮起来。菜克丝小姐坐在讲台桌后面，样子十分严肃。"在人类探索太空的短短的历史中，发生过好几起悲惨的事故，我们要记住这一点，这是很重要的。有人为了拓展我们的太空知识和提高我们对它的兴趣而献出了自己的生命。在这一不幸事件之后，航天飞机的设计缺陷被纠正过来了，而后又进行了许多次安全飞行。"

"它们的确又安全飞行了很多次。"一个声音说道，是那个宇航员，他又在我们头顶上盘旋！

你们大家好呀，还记得我吗？

"航天飞机看上去就像一架普通的飞机，并且在着陆时也像普通飞机那样，但它如何起飞，当然是另一回事了。"他说着，向莱克丝小姐身后的黑板飘去。他没有撞在黑板上，而是不知怎么就飘进黑板里面，一眨眼工夫，他就站在一架航天飞机前面了，那黑板上的情景就好像是我们透过窗户看到了一个发射场！

这架航天飞机是靠两个火箭及其发动机推动的巨型燃料箱"背"着起飞升空的。

当火箭完成任务后，它们就"乘"降落伞降落到海上……可不是我跳伞哟！

宇航员按下了飞行椅控制器上的一个按钮，直接穿过黑板飞了出来，飞到我们的头顶上方。那黑板竟和太空一样，是空的！

"拜拜！"他口中喊着，飞走了。就是这样。刚才还在这儿，而一会儿……就不见了！"噢，亲爱的，"莱克丝小姐说着，看了看手表，"我想，我们已经超时了，我明天再给你们挤出一堂太空课吧。"

我们齐声欢呼。

就在此刻，下课的铃声响了，莱克丝小姐飘着——是的，就是飘着——出了教室的大门，她就那么慢慢地旋转着离开了！

明天同一个星球，不同时间再见！

有趣的最后一幕

莱克丝小姐的课是第二天午饭前的最后一节课。当我们走进5B班教室时发现，大家的书桌和椅子都不见了。在它们原来所在的地方有许多大垫子，够我们大家每人一个。

对啦，大伙都躺在地板上向上看天花板。

教室里变得黑暗起来，空中似有百万颗星星在闪烁。我能够听到每个人因惊奇而变得有些急促的呼吸声……包括我自己的在内！

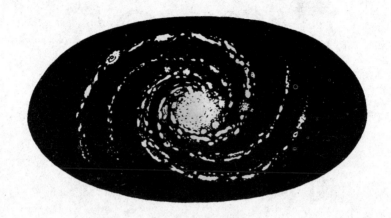

110

　　"我们的太阳系——我们前几天曾经看到过的太阳、八大行星和所有那些卫星，只不过是银河系中的数十亿个星系中的一个，"她解释说，"就像你们现在看到的，每一个闪烁的光就是一个恒星，每一个那样的恒星就是一个……"

　　"太阳！"我们齐声喊道。

　　"很好，环绕着每个'太阳'旋转的，可以是其他的行星，由它们构成其他的……"★

　　"太阳系！"

　　"棒极了……你们还应该记住，银河系不过仅仅是宇宙之中众多星系中的一个，所以说，宇宙中有数不尽的恒星和太阳系。地球仅仅是100亿到200亿年前宇宙大爆炸时开始形成的非常巨大然而在宇宙中又非

────────────

　　★目前所知像太阳这样周围有行星存在的恒星并不多。

　　　　　　　　　　　　　　　　——译者注

常微小的天体！"

"什么是宇宙大爆炸？"艾米丽·齐克比问道。真可惜，怎么让她抢了先？

我们的头顶上一下子变黑了。

"设想所有的物质——每一颗行星，一切的一切——以及整个宇宙中的所有能量都被一起装进比这个球还要小的空间里面……并且里面的温度非常非常高，高到我们当中最有想象力的人也难以想象的地步。"这时，我们头顶上方出现了一个小球。

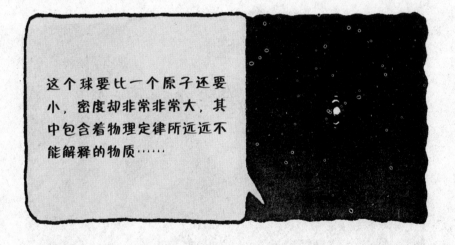

这个球要比一个原子还要小，密度却非常非常大，其中包含着物理定律所远远不能解释的物质……

"没有人能够解释宇宙大爆炸开始的那一刹那到底是一种什么状况，但是我们却知道大爆炸之后发生的事情。大爆炸后的一瞬间，宇宙从一个原子那么大，变成沙滩排球那么大，并且产生了许多不可思议的、奇妙的变化，包括引力的诞生和力的变化。在几百万年的时间里，宇宙变得越来越大，越来越大，越来越大，然后，最初的恒星开始闪烁，并靠引力吸引着行星，环绕它们旋转……"

　　我真希望，要是能够把莱克丝小姐给我们展示的情景——就在5B班教室的天花板上，给你画出一张图画来，那该多好。实在太有趣了……只是太可惜了，就是爱丽丝用她最好的彩色蜡笔（她可是真的擅长美术哟，特别是画马）也无法描画出我们刚刚亲眼目睹的那难以令人置信的一幕。

　　"我想，如果我能请来一位世界上最了不起的天文学家再给你们多做些解释，就更好了。"莱克丝小姐说，"所以我请来了首席教师默林夫人。这位天文学家应该到了，5、4、3、2、1——"

随着一阵敲门声，教室里又亮了起来，我们大家又都回到了自己的书桌旁。那些大垫子忽然全都消失得无影无踪。

"请进！"莱克丝小姐说。一个身穿长袍的高个子男人走了进来。他相貌怪异——甚至连莱克丝小姐事后也说他"简直是一景"——全然不像我们期待的那种脑袋光秃秃的学识渊博的科学家。

厄运当头啦，孩子们！你们这个班——你们整个学校——要遭厄运了！这些都写在星星上了。八大行星现在排在一条直线上，非常不吉利。马上就有灾难来临了！

突然，莱克丝小姐爆发出一阵爽朗的笑声。"我知道是怎么回事啦！"她说着，用一只手打开门，另一只手揽住陌生人的后背，拥着他朝门口走去。"谢谢你，再见，我们这里不需要你的厄运理论！"

随着那兜售"厄运理论"的人走出门外，莱克丝小姐转向我们。"默林夫人一定是有点儿糊涂了，"

她说道，"这位当然不是什么天文学家。有谁能告诉我他是干什么的吗？"

"当你需要好好开心一下的时候，这种人就会来了。"我笑道。

"是一个占卜者？"苏尼塔说。

"是一个占星学家吧？"万事通诺尔说道。全班的天才——无须惊讶，也用不着夸赞——是正确的。

"完全正确！很不错。"莱克丝小姐说，并在黑板上写下：

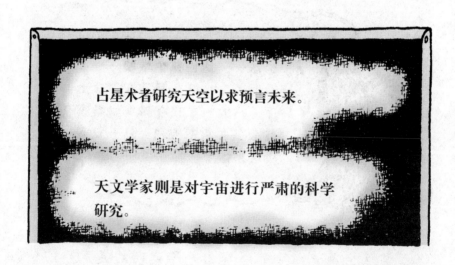

占星术者研究天空以求预言未来。

天文学家则是对宇宙进行严肃的科学研究。

"过去，许多人认为，通过研究行星、太阳和月亮的位置以及它们与某些星座的关系——你不用问星座是什么意思，伯尼，我现在就告诉你，星座就是一群星星的意思——这样，他们可以发现好的和不好的征兆，并且可以预言将要到来的战争和类似的事情。"

"我认为占星学专门研究算命用的天宫图，那上面画有黄道十二宫——金牛座，巨蟹座，人马座，等等。"我说。

"我奶奶每天都琢磨她的天宫图。"德利平说。

"十二宫是由每年不同时间夜空出现的不同星座得名的。"莱克丝小姐解释道。

"您相信那些哄骗人的把戏？"诺尔问道。

"我当然不信。"莱克丝小姐答道，"它与天文学不同，它不算真正的科学。不过，5B班的同学们，这真的是我给你们上的关于太空的最后一堂课，因此，我把最精彩的内容留到最后——那就是奇妙的黑洞！"

电视上演过的！黑洞有时候也叫做蠕洞，它们真的是通往其他星系的捷径，有些人认为，你可以利用它做时光旅行——

"谢谢你，伯尼！"莱克丝小姐大声地说。我是不是有点儿热情过头了？"现在，告诉你们几点事实！"下面是我的记录。

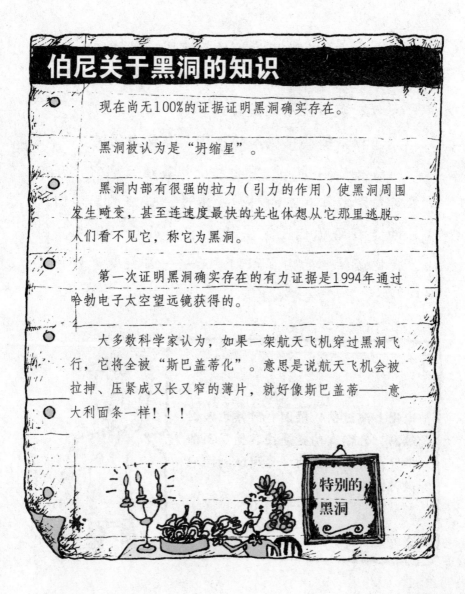

伯尼关于黑洞的知识

○ 现在尚无100%的证据证明黑洞确实存在。

黑洞被认为是"坍缩星"。

○ 黑洞内部有很强的拉力（引力的作用）使黑洞周围发生畸变，甚至连速度最快的光也休想从它那里逃脱。人们看不见它，称它为黑洞。

○ 第一次证明黑洞确实存在的有力证据是1994年通过哈勃电子太空望远镜获得的。

○ 大多数科学家认为，如果一架航天飞机穿过黑洞飞行，它将全被"斯巴盖蒂化"。意思是说航天飞机会被拉抻、压紧成又长又窄的薄片，就好像斯巴盖蒂——意大利面条一样！！！

特别的黑洞

防止"斯巴盖蒂化"的唯一办法，就是要行进得比光速还要快，而这是不可能的！

但是英国科学家斯蒂芬·霍金认为，某些黑洞可能是通往其他宇宙的稳定的"蠕洞"！（我告诉过你的啊！）

我们大家都为航天飞机可能变成斯巴盖蒂意大利面条而开心大笑。"那么说，小姐，如果我要是掉到黑洞里，从那儿穿过去，就会成了一堆意大利面条上面浇的酱了！"

"你想自告奋勇试一把吗？" 莱克丝小姐问道。

"那当然！"我开玩笑说。没想到，黑板刹那间变成了一个大洞，深得看不见底。该死，我这张嘴！

伯尼在这儿被黑洞"斯巴盖蒂化"了。

我的腿怎么给拉……拉……拉……这么长啦！

　　我觉得自己变得又细又长，而同学们的笑声、欢呼声不绝于耳，我简直说不出我心里是什么滋味。

　　就在我的脑袋刚要被拉长，马上就要被吞噬掉时——我的热心善良的老朋友玛丽·琼跳上课桌喊道："救救他！快救救他！"莱克丝小姐不知怎的猛劲一拉，把我拽了出来，我发现我又恢复正常了——原来什么样，现在还什么样，原来多高多胖，现在还是那么高那么胖，只是有点浑身颤抖——站在全班同学面前。于是，我一屁股坐到了地板上。

接下来，"小姐！小姐！我能试试吗？"大家的喊声不绝于耳，每个人都朝前拥来……噢，倒也不是所有的人。曼迪·帕特森就仍然坐在座位上没动。我想她可能担心自己个头儿太小了，万一掉到里面就再也出不来了。瞌睡虫托米也没动弹，是因为……对，他睡着了！（那真叫本事！那么大声的喊叫也没能把他从梦中吵醒过来！）其他人都轮流"斯巴盖蒂化"了一回，而莱克丝小姐却在他们头上旋转，不知怎的，那强大的黑洞的吸引力竟对她毫无作用！

下一个是谁？都试过了吗？

就在我们那些同意"斯巴盖蒂化"的人当中最后一个被"斯巴盖蒂化"结束之后，下课的铃声响了。

"我希望我们一起在太空里走马观花的旅行会使你们感到快乐，"莱克丝小姐落回到地上，说道，"5B班的同学们，你们最喜欢哪些内容呀？"

　　莱克丝小姐伸手示意我们大家安静。"你们最好不要误了吃午饭，"她诡谲地笑了笑，说道，"这儿有种东西可以帮助你们迅速到达饭厅！"空中突然响起了一阵鸣音，我们的课桌椅都变成了飞椅——宇航员在太空中工作时用的那种！托米从瞌睡中被摇晃醒了，当他发现自己在空中盘旋，着实吓了一大跳。

　　我敢打赌，你们学校里绝对没有这样的课，对不对？